L'ORNEMENTATION

DES

RELIURES MODERNES

L'ORNEMENTATION

DES

RELIURES

MODERNES

PAR

MM. MARIUS MICHEL

RELIEURS-DOREURS

AVANT-PROPOS

Ce qui distinguera les reliures artistiques de
la fin du dix-neuvième siècle des reliures anciennes, c'est la recherche de l'appropriation du
décor au sujet de l'ouvrage; recherche qui est
devenue le desideratum de tous les nouveaux
amateurs de livres modernes. L'impulsion est
donnée, le mouvement se dessine chaque jour
davantage et malgré la résistance routinière
de quelques prétendus classiques, qui dénient
toute faculté créatrice aux artisans de leur
temps et ne veulent encore sur leurs livres que
des copies, on ne pourra plus l'arrêter.

Nous avons essayé dans cette étude de montrer comment on donnera satisfaction à ces

nouveaux désirs et dans quelle mesure on peut faire concorder l'ornementation extérieure d'un livre avec le sujet qui y est traité.

Depuis de longues années, nous avons défendu ce principe et nous en avons poursuivi l'application sur les livres modernes qui nous ont été confiés, dans les reliures modestes comme dans nos riches reliures, les plus importantes qui aient été faites à notre époque. Nous serons largement récompensés de nos efforts, si les amateurs veulent bien nous conserver la bienveillance avec laquelle ils ont accueilli en 1880 et en 1881 nos deux ouvrages sur la *Reliure*. Si nous rappelons ici ces dates, c'est que rien n'avait été fait jusque-là de sérieux sur cet art si intéressant et nous considérons comme un honneur d'avoir vu toutes les publications parues depuis sur ce sujet nous faire de larges emprunts; regrettant seulement que certains de nos emprunteurs aient dissimulé avec autant de soin la source où ils avaient puisé un savoir d'aussi fraîche date.

Mai 1889.

L'ORNEMENTATION

DES

RELIURES MODERNES

CHAPITRE I

CONSIDÉRATIONS GÉNÉRALES

Jusqu'à nos jours on n'avait tenu aucun compte de ce que renfermait la reliure pour l'ornementation extérieure[1]. L'indifférence de nos maîtres anciens était à cet égard absolue. Au seizième siècle, pendant cette merveilleuse période où tous les arts ont été portés à un si haut degré de perfection, livres de jurispru-

---

[1]. Un certain nombre de livres religieux, Missels et Heures, font exception à cette règle, mais ils sont eux-mêmes en petite quantité relativement.

dence, de théologie, d'histoire, de poésie, dans les bibliothèques de Henri II et Diane de Poitiers, de même que chez Grolier sont couverts de très riches reliures pour lesquelles on n'a eu en vue que le vêtement luxueux, l'objet d'art. Nulle préoccupation du sujet du livre; on ne cherchait pas même à choisir parmi les divers genres de décoration en usage à cette époque ceux qui, par leur aspect calme et sévère, semblaient tout indiqués pour certains ouvrages. L'exemplaire des *Pandectes de Florence*[1], les *Discours astronomiques de Jacques Bassantin*[2], nous montrent au contraire les décors à la fois les plus riches et les plus élégants de la Renaissance.

Si, à la fin du seizième siècle, les œuvres des poètes à la mode sont couvertes de luxueuses et coquettes reliures avec entrelacs, fleurettes et branchages, les plus graves ouvrages de controverse religieuse se rencontrent aussi sous cet habit. Plus tard, que maître Le Gascon ait à orner l'*Éloge du cardinal Mazarin*[3], la *Vie*

1. Bibliothèque Mazarine.
2. Bibliothèque Nationale.
3. Bibliothèque Mazarine.

du cardinal de Bérulle[1] ou l'*Adonis* de La Fontaine[2], il les traitera tous dans le même goût avec autant de richesse. Les Padeloup, les Derome, les Dubuisson n'auront pas dans la suite d'autre manière d'agir. Tous ces vieux maîtres nous ont laissé des ouvrages d'une grande beauté, dont nous avons été et serons toujours les plus fervents admirateurs; mais il faut reconnaître qu'ils ont méconnu le principe qui veut que l'ornementation d'un objet doive toujours répondre à son esprit comme sa forme doit répondre à son usage.

On a dit et répété sous toutes les formes que notre époque n'avait pas et n'aurait pas de style propre. En reliure, comme dans beaucoup d'autres branches des arts industriels, deux causes diverses ont retardé l'éclosion de ce style tant attendu. Ce siècle, qui aura été surtout le siècle de la science, a secoué dans sa fièvre de s'instruire tout ce qu'il a pu remuer du passé. Les documents de toute espèce, qui étaient peu connus et mal connus de quelques

1. Chez M. le baron James de Rothschild.
2. Chez M. Eug. Dutuit.

rares artistes ont été mis au jour et publiés : les procédés de reproduction les ont rendus accessibles à tous et tous y ont puisé à pleines mains. Aussi quelle prime à la paresse !

Quelle différence entre l'éducation des artisans il y a vingt-cinq ans et aujourd'hui ! Avait-on aperçu, dans un musée, à la façade d'un palais, ou dans le coin reculé d'une église sombre, un détail, pierre, bois, fer ou cuir, il fallait passer quelquefois de longues heures en tête à tête avec ce modèle pour le dessiner. A ce travail on s'imprégnait littéralement de l'œuvre et malgré toute la bonne volonté possible on n'amassait que bien peu de documents ; mais avec une telle méthode, c'était dans l'esprit de l'artiste que se logeait son savoir. Ainsi faisaient les anciens maîtres ornemanistes : aussi, quand on leur demandait un modèle, ils y pensaient... et, une fois l'idée trouvée, se mettaient résolument à l'œuvre, sûrs que leur main exercée ne trahissait pas leur pensée. Ils possédaient un acquis, un fonds de véritables connaissances et à ces souvenirs qu'ils ne pouvaient servilement reproduire, ils ajoutaient de leur

propre nature. Il y avait des réminiscences, oui
certes, mais aussi et surtout de leur goût personnel; c'était une appropriation constante, se
pliant aux désirs et aux besoins de leur temps.
De là ces transformations successives qui font,
comme nous l'avons déjà dit ailleurs de l'art de
l'ornementation, une longue chaîne dont chaque
génération vient forger un nouvel anneau. Croit-
on que nos vieux maîtres tailleurs d'images
emportaient au haut de leurs échafaudages un
modèle qu'un architecte avait choisi dans une
monographie quelconque, ainsi que cela se fait
généralement de nos jours? Ils traçaient à larges
traits sur la pierre même leurs divisions géométriques, puis après une indication sommaire
(les églises inachevées en ont fourni la preuve),
taillant dans la pierre vive, ils laissaient courir
leur ciseau suivant le caprice de leur imagination. Alors pas de répliques continuelles, un
air de famille entre les divers motifs, mais de
perpétuelles variantes et dans l'unité de l'œuvre
le charme de la vie. Aujourd'hui on ne voyage
plus, on court jetant sur les musées et les mo-
numents un regard affairé et distrait, puis on

emporte des photographies et, rentré chez soi, on n'a plus qu'à étendre le bras pour trouver, tout classé dans un carton, l'objet demandé, meuble, cadre, frise. Mais si on connaît un peu mieux l'ensemble de l'histoire de son art, connaît-on mieux l'art lui-même?

A quoi bon du reste se donner tant de mal? Que va-t-on demander en général à l'artisan qui entre dans la carrière, de copier, de copier toujours, ce à quoi nos devanciers ne songeaient guère; car voilà la seconde cause et la plus grave, elle est dans l'admiration exclusive des amateurs pour les objets anciens. Non seulement cela a tué tout effort dans le germe, mais encore on s'est persuadé dans notre industrie que pour copier on en saura toujours assez et on a copié sans intelligence.

Si, au lieu de se trouver en présence d'un engouement sans mesure, on avait vu naître et grandir une admiration raisonnée de la reliure ancienne? si cette admiration avait eu des degrés, si l'on avait fait un choix? Mais non pas: on a tout englobé dans un enthousiasme général.

Combien de fois n'a-t-on pas mélangé l'intérêt qu'offrent les livres par leur provenance avec leur strict mérite artistique! Pour beaucoup l'admiration augmente avec le prix d'achat. Vous présente-t-on une reliure ayant appartenu à Grolier, on ne vous dira pas : « Voyez qu'elle est intéressante, qu'elle est curieuse, elle appartient à telle école, c'est un bon spécimen. » Non; tout de suite : « Est-ce beau, hein! ces reliures anciennes, il n'y a que cela!... Six mille à la vente X... Comment un objet si cher ne serait-il pas un chef-d'œuvre! » O puissance de l'étiquette et du mercantilisme, tous les Groliers, même ceux qui ne sont visiblement pour un connaisseur que des répliques, et elles sont nombreuses dans sa bibliothèque, tous sont cotés à des prix énormes à cause de la devise. On ne juge pas, on ne compare pas, on admire. Les salles d'exposition de la Bibliothèque Nationale, qui sont pour la reliure ancienne ce qu'est pour la peinture le Salon carré du Louvre, montrent bien cependant que, si grande que soit la place occupée par les Groliers dans l'histoire de la reliure ancienne, les livres de ce bibliophile émérite ne sont pas les plus hautes productions de l'art ancien. Certes, il y a parmi ses reliures nombre de dessins superbes dont nous ferons ressortir dans le cours de cette étude la parfaite ordonnance décorative; malgré cela, combien parmi les plus légitimement vantés peuvent se comparer aux grandes reliures faites pour Henri II et Diane de Poitiers dans le style français? Dans le public bibliophile, les Groliers sont cependant plus célèbres, la mode, les réclames intéressées des catalogues y aidant, car il en passe chaque année quelques-uns en vente publique. Il est si commode de prendre une opinion toute faite.

Un grand intérêt s'attache évidemment aux livres de provenance célèbre ou illustre, mais si une provenance donne au livre une haute valeur marchande, il ne découle pas par ce seul fait que ce soit une œuvre d'art, un modèle à suivre. Si nous n'hésitons pas à dire que tous les Groliers ne sont pas des modèles à copier, à plus forte raison doit-on se garder, pour les reliures des dix-septième et dix-huitième siècles, de confondre ces deux choses si

différentes, la valeur au point de vue artistique
et l'intérêt de curiosité.

Rien n'est plus agréable que de posséder un
livre dans la reliure de son temps et nous avons
toujours, à une époque où il y avait quelque
mérite à le faire, déconseillé de détruire d'autres
vieilles reliures que celles que le temps a ren-
dues irréparables ; mais maintenant que le goût
est tout à la vieille reliure, où n'est-on pas descendu !

Les Almanachs royaux, les Semaines saintes
que les camelotiers de la Montagne-Sainte-Ge-
neviève pondaient à pleines charrettes au dix-
huitième siècle, sont aujourd'hui décrits, vantés ;
toute vieille peau est, à l'aide des boniments
des catalogues, devenue objet de trafic. Il y a
preneur pour tout du moment que c'est ancien.
Pour les reliures comme pour les meubles, les
faïences, etc., à mesure que les objets d'une
époque se faisaient de plus en plus rares, on
est passée à l'époque suivante. L'art du dix-
huitième siècle, si français dans ses manifesta-
tions, était dédaigné, conspué il y a trente ans.
Maintenant peintures, meubles, livres se paient

au poids de l'or; mais, et c'est là ce qui montre bien que chez les collectionneurs l'engouement l'emporte sur la réflexion et le savoir, voici que l'on commence à rechercher et à vanter les productions du style Empire, si ridicule, dans presque toutes les branches de l'art industriel et qui ne se sauve que par le côté métier, dans les bronzes des meubles par exemple, remarquables encore par la beauté des ciselures exécutées par les élèves des maîtres du dix-huitième siècle.

Tout plutôt que du moderne! voilà l'encouragement que ceux-là mêmes que leur situation et leur fortune font les protecteurs nés des arts, ont donné jusqu'à ces dernières années aux artistes industriels de leur temps.

N'est-il pas malheureusement trop vrai que la plupart des bibliophiles qui font autorité n'ont que des sarcasmes pour les livres modernes et les amateurs de ces livres? Hugo, Lamartine, Mérimée, Gautier, Musset, « ne leur disent rien ». Ils plaignent la génération nouvelle parce qu'elle ne connaît pas l'*Eschole de Salerne* et ne dépense pas cinquante louis pour

faire relier le *Pastissier* des Elzevier. Folies,
exclament ces purs, que de dépenser de l'argent
à faire relier des livres modernes! Mais tous
les livres ont été modernes et ceux qu'ils re-
cherchent avec passion en « belle condition »
représentent les folies des amateurs d'autrefois
qui n'ont pas hésité à faire relier richement
l'exemplaire en grand papier qui venait de leur
être réservé.

Qui ne l'a vu, ce bibliophile classique, jouis-
sant de l'envie qu'il excite chez son auditeur,
distillant ses propres paroles, comme un gour-
met savoure un vin de grand cru? Et je l'ai, dit-
il, et en vieux maroquin! et doublé! On l'écoute
et personne n'ose lui dire : Mais qui donc l'a
fait relier ainsi ce livre, si ce n'est un ancêtre
de ceux que vous jugez dignes d'être mis à Cha-
renton?

C'est le contraire de ce qui s'est passé autrefois; non pas qu'il n'y ait eu de tous temps
des collectionneurs, mais ceux qui conservaient
pieusement les productions du passé, com-
mandaient aux artisans de leur temps des choses nouvelles. Mazarin, Fouquet, faisaient-ils

copier par Le Gascon des reliures de Grolier?

Autre danger : tant qu'un objet ancien reste dans des prix modiques, nul ne songe à le contrefaire, mais alors qu'un livre arrive à être payé pour sa seule reliure plusieurs milliers de francs, gare aux contrefacteurs! Cela est difficile, il est vrai, et nous n'avons jusqu'à présent vu que de rares exemples de ces fac-similés trompeurs exécutés à la main. La naïveté saurait difficilement s'imiter et tous ceux qui se sont occupés d'art décoratif savent que le rendu d'une forme semblable d'ornement est en quelque sorte le même pour tous les artisans d'une période; ces imitations modernes n'ont donc pu jusqu'ici résister à l'examen des amateurs éclairés; mais ce qui était impossible il y a dix ans, est un jeu pour la galvanoplastie à l'état actuel de cette industrie, et quand on le voudra, on fera de faux Le Gascon, de faux Derome, de faux Dubuisson.

On tirera sur des reliures anciennes des armoiries de personnages célèbres sans que personne, praticiens, libraires ou bibliophiles, puisse affirmer la contrefaçon.

Que les marchands vantent à l'excès toutes

les productions de la reliure ancienne, ils sont absolument dans leur rôle en excitant la mode et soit par leurs catalogues personnels, soit par des catalogues de vente qu'ils ont ornés de coûteuses reproductions de reliures anciennes, ils ont grossi les rangs du public qui s'intéresse à notre art; mais, en présence de cette passion exclusive pour les vieilles reliures, qu'ils ont pressentie et si habilement entretenue, c'en était fait de notre industrie au point de vue artistique, s'il n'avait pas surgi quelques nouveaux bibliophiles amateurs des livres de leur siècle, formant des collections des beaux ouvrages qu'il a produits, suivant le mouvement littéraire et décidés enfin à faire habiller richement dans un goût moderne leurs auteurs de prédilection.

Pourquoi condamner les relieurs modernes à reproduire les reliures anciennes sur des livres autres que ceux dont on remplace son vêtement détruit par les années, ou pour les réimpressions de nos classiques?

Eh bien! dit-on, créez un style. Mais un style ne se crée pas ainsi d'un seul coup. C'est l'ensemble des œuvres produites pendant une période sous la pression des tendances et des goûts de cette période qui constitue par leur groupement un « style ».

Résumons-nous en disant que si notre époque s'est montrée éclectique, si elle a vu surtout reproduire les œuvres des époques précédentes, c'est que la passion pour les choses anciennes, l'abondance croissante des documents et l'assurance d'un gain facile ont empêché toute recherche nouvelle.

Que les tendances des amateurs se modifient et les bons relieurs ne manquent pas en France pour leur donner satisfaction ; le style attendu se dégagera de lui-même de l'ensemble de leurs efforts.

CHAPITRE II

NÉCESSITÉ DE CERTAINES CONNAISSANCES

TECHNIQUES

A notre avis, on ne saurait rien produire de véritablement artistique sans une connaissance sérieuse et raisonnée de la reliure ancienne, sans posséder la tradition. Cette étude des maîtres, utile aux bibliophiles, est indispensable aux praticiens; ils ne peuvent pas plus s'en passer que le littérateur de la connaissance de sa langue, le peintre du dessin; mais elle doit être pour eux, surtout à l'heure actuelle, *le moyen et non le but*. Aussi avons-nous essayé de faire de l'ensemble de nos études sur la reliure une sorte de grammaire de l'ornementation des livres[1]. Ce qu'il faut éviter à tout prix et ce dont l'ignorance est la cause, c'est le mélange de tous les styles, dont se compose malheureusement presque tout ce qui est présenté depuis quelque temps comme du moderne.

Dans l'art qui nous occupe, on ne doit s'avancer qu'avec une extrême prudence. Rien n'est plus difficile que la décoration d'un livre. La technique de cet art est telle qu'elle limite les résultats et bannit tout d'abord une foule d'éléments décoratifs qui sont au contraire utilisables dans la plupart des industries. Ces entraves n'existent pas pour la reliure industrielle, dont le décor n'est plus aujourd'hui qu'une épreuve de gravure tirée en or, ou une combinaison de tirages successifs de diverses couleurs. Dans la reliure artistique la connaissance technique du métier est si indispensable, que chaque fois qu'un modèle a été demandé à un peintre, à un architecte, ou à un dessinateur industriel, il a livré un dessin d'une exécution

1. Voyez *la Reliure française*, Paris, 1880.

La Reliure française commerciale et industrielle, Paris 1881, chez Morgand et Fatout, éditeurs, passage des Panoramas.

impossible. Les procédés d'exécution des décors
sur le cuir n'ont pas varié depuis l'invention de
l'imprimerie, qui a donné tout à coup à notre
industrie un immense essor et les instruments
pour tracer les filets droits ou courbes, les fers
ou motifs gravés étaient déjà connus et employés bien longtemps auparavant. Les dessins
de l'art le plus élevé sont exécutés avec les outils les plus simples.

On conçoit que les bibliophiles ne descendent
pas à des questions de cartons, de couture, de
corps d'ouvrage, et cela, nous le comprenons
sans peine; mais il est regrettable que la plupart des amateurs restent si étrangers à la connaissance sommaire de la partie technique de la
décoration des livres, la dorure sur cuir. S'ils
savaient que les dorures où les filets droits et
courbes sont employés seuls pour l'exécution
des ornements, sont non seulement les plus
difficiles à exécuter, mais aussi celles qui ont
donné et donneront toujours les résultats les
plus artistiques — voyez les Reliures de la Renaissance; — que les combinaisons de filets et
de fers sont encore de l'art, mais de l'art moins,

élevé — voyez les Reliures de Ève, de Le Gascon; — enfin que les dorures du dix-huitième
siècle, sauf quelques mosaïques, d'exécution toujours médiocre, ne sont plus que du métier, rien
que du métier, ils estimeraient davantage encore
les maîtres inconnus de la Renaissance et re-
légueraient à leur vraie place toutes ces reliures
tant originales que copies, dont les éloges in-
téressés des marchands et les mirifiques des-
criptions des catalogues ont voulu faire des
merveilles.

L'amateur connaisseur est, à notre avis,
l'homme du monde qui, possédant une certaine
éducation artistique, porte sur la reliure qu'on
lui présente un jugement raisonné, l'apprécie
au point de vue décoratif, et non celui qui, vi-
vant du Manuel du libraire, connaît surtout du
livre sa rareté, sa valeur marchande et, pour
juger de la reliure, pince les coiffes, ébranle les
cartons, ébauchant une moue particulière qui
peut se terminer par un sourire ou une grimace,
quand il aura vu la signature.

Que d'erreurs n'ont-ils pas fait commettre ces
bibliophiles, qui voient dans la dureté extrême

d'un dos, dans l'immobilité des cartons la pierre de touche d'une bonne reliure !

En imposant des goûts et en amenant des résultats qui sont la négation même de la reliure, qui a pour but de conserver, de défendre le livre tout en le respectant absolument et en le laissant d'un usage facile, ils ont commis un crime de lèse-bibliophilie.

Un livre, disent-ils, doit être comme un bloc ! A quel prix a-t-on obtenu ce résultat qui leur agrée si fort et fait ressembler la reliure à une boîte ?

Descendu en cave, où il a séjourné quelquefois quinze jours, ce malheureux livre, si ce barbare traitement n'a pas suffi, a été trempé et battu encore humide ! Quel respect avez-vous donc pour l'impression pour autoriser un pareil trai-tement ?

Et les gravures ? Ne les avez-vous pas vu lami-ner ou battre pendant vingt ans chez les relieurs en renom, et tout cela pour le bloc ? L'encre qui dans une gravure en taille-douce est relief sur le papier, qu'en faisiez-vous ? Elle était étalée, écrasée.

Que pensez-vous des *Métamorphoses* d'Ovide, des *Fables* de Dorat, des *Chansons* de Laborde, des *Contes* de La Fontaine qui ont subi cette opération?

La qualité vraie d'une reliure est surtout une affaire d'honnêteté de la part du relieur ; remettez donc vos livres à un praticien dans lequel vous avez confiance, payez un prix largement rémunérateur pour ce travail tout de soins et de détails. Vous serez alors certain que votre livre aura été replié avec attention, jamais laminé, mais légèrement battu si cela est nécessaire, interfolié tant pour cette opération du battage que pour la mise en presse, cousu sur nerfs, garni de parchemin au dos s'il est fort, etc., etc. ; et traité ainsi, il aura toutes les qualités dont ces livres si durs n'ont souvent que l'apparence. Il est si facile de donner à une reliure médiocre l'aspect d'une bonne reliure. Pouvez-vous voir cela, le livre fait? Ce volume que vous tenez entre les mains et qui vous semble si lourd, si compact, — il peut avoir été laminé. — il ne remue pas du tout dans ses cartons — il est grecqué à outrance, le dos est dur comme un roc — il a été frotté à l'excès, le papier réduit en carton et les fonds sont hachés, détruits!

Rien n'est plus difficile que d'apprécier une reliure; les praticiens eux-mêmes ne peuvent pas toujours se prononcer sur certaines tromperies d'une manière affirmative. Aussi faites plutôt de l'ornementation du livre le but de vos études, c'est là que votre goût, votre direction peuvent se faire le plus utilement sentir et c'est ainsi que vous donnerez à votre bibliothèque un caractère personnel.

Quittons une dernière fois ces questions de ficelle et de colle et revenons à l'ornementation.

La décoration du plat d'un livre, quelle que soit sa richesse, doit toujours être facile à comprendre dans son ensemble du premier coup d'œil. Voyez, par exemple, les dorures si couvertes d'or de Le Gascon : elles ont un entrelacs géométrique servant de squelette au dessin; puis les compartiments qu'il forme sont remplis d'ornements au pointillé, qui dans les beaux modèles naissent et se développent logiquement de la forme de ces compartiments. Malgré leur profusion, *les détails ne sont pas en conflit avec la forme générale*. A distance, les lignes principales s'offrent tout d'abord à la vue; les détails multipliés mais harmoniques donnent à la composition une grande richesse; détails et entrelacs se font mutuellement valoir.

L'impossibilité de superposer des tons nombreux, d'obtenir un fondu des couleurs par la dégradation directe de la nuance employée (les nuances diverses ne pouvant être qu'accolées et toujours séparées et serties par un filet en or ou noir), le champ dans lequel se meut l'ouvrier est forcément limité.

Aussi, que l'on emploie l'ornement ou la flore, pas de paquets de motifs, même en mosaïque, et nécessité absolue de rendre le décor clair et facile à lire. Cela s'obtient en laissant revoir le fond sur lequel il se détache, c'est-à-dire en établissant un équilibre raisonné entre les fonds et les ornements. Les colorations diverses doivent strictement *servir d'auxiliaires pour le développement de la forme :* il ne faut pas chercher à sortir du domaine restreint de l'emploi du cuir et vouloir rivaliser à l'aide de la mosaïque

avec la décoration peinte. Si, en architecture,
l'emploi de la mosaïque arrive à donner au spectateur l'illusion de la peinture, c'est qu'avec le
recul forcé du spectateur le fondu des couleurs
juxtaposées se produit. Il n'en est pas de même
pour une reliure qui doit être regardée de près.

L'ornementation d'une couverture peut être
allégorique, mais jamais reliure digne du nom
de reliure artistique ne doit se faire la rivale de
l'illustration du texte. Donc pas de scènes, pas
de portraits de personnages du poème ou du
roman imprimés sur le cuir. Certaines reliures
de Henri II portent bien l'effigie de ce prince,
mais ce fer est gravé en creux et donne à
l'épreuve l'aspect d'une médaille enchâssée : c'est
là une exception, un outil tout à fait particulier.

Il ne faut demander à un art que ce qu'il peut
donner ; c'est en sortant de leur domaine que
les meilleures industries se sont souvent per-
dues. Une œuvre peut remplir d'étonnement les
praticiens, mais il ne s'ensuivra pas de là
qu'elle obtienne le suffrage des gens de goût.
Les doreurs sur cuir qui ont tenté de s'attaquer
à la figure humaine, à l'aide de leurs outils, ne

sont arrivés qu'à des résultats puérils et ridicules. Les moyens dont ils disposaient ne pouvaient les mener à autre chose et le même sort attend ceux qui voudront les suivre, quel que soit leur talent d'exécution. Est-ce à dire que la figure doive être absolument proscrite de la décoration des reliures? Non pas; mais il faut alors demander le concours d'un autre art que celui du doreur. Les ivoires, les émaux, les métaux précieux traités en médailles ou champlevés et ciselés, combinés avec le travail du doreur, peuvent donner des résultats très remarquables. Leur emploi sera toujours exceptionnel et au moins alors dans la partie qui sera confiée au sculpteur, au peintre émailleur, au bijoutier, la perfection du rendu n'aura d'autres limites que le talent de l'artiste.

Pas de représentation d'objets, sauf ceux qui sont purement allégoriques comme lyres, instruments de musique, épées, ancres, et encore ils doivent être employés avec la plus grande réserve. Comme il ne peut guère y avoir sur le plat d'un livre plusieurs plans, les trophées si employés dans d'autres arts paraîtraient ici d'une excessive lourdeur. Enfin on ne doit représenter l'objet même dont le nom sert de titre à l'ouvrage que si ce nom est emprunté à la flore. Nous reviendrons plus tard sur ce cas particulier.

Pas de reproduction d'objets, disons-nous, car une fois engagé dans cette voie mauvaise, c'est une pente fatale sur laquelle on glisse rapidement vers l'absurde. La première fois, par exemple, on acceptera, sur l'*Éventail* d'Octave Uzanne, des éventails. Non seulement on accepte la représentation directe d'un objet, mais encore on la provoque, on trouve l'idée ingénieuse. Sur le *Violon de faïence* de Champfleury, vite un violon; sur le *Drapeau*, la patriotique nouvelle de J. Claretie, vite un drapeau. Encore l'objet lui-même, au lieu d'une simple allusion; mais alors la *Canne* de M. Michelet va danser sur le recueil de nouvelles qui porte ce titre et si une société de bibliophiles fait réimprimer la délicieuse fantaisie d'About, le *Nez d'un notaire*, on vous dorera donc ce nez sur le plat. Laissons au lecteur le soin de compléter ces exemples à l'aide des titres des romans modernes.

Le goût des belles reliures est l'apanage des gens intelligents et instruits ; il ne faut pas, sous prétexte d'originalité de reliures « fantaisistes », tomber dans l'imagerie d'Épinal.

Par un choix judicieux de la couleur et du décor, on doit éveiller à l'esprit l'idée de la nature de l'ouvrage, mais il faut laisser aux cartonnages des livres d'étrennes la couverture-affiche.

CHAPITRE III

DU CHOIX DE LA COULEUR ET DU DÉCOR

Pour relier ou faire relier un livre avec goût,
il y a un thème à s'imposer, une sorte de syn-
thèse à faire. Examinons d'abord le choix de la
couleur. On ne peut, comme dans les catalogues,
classer les livres par genres et déclarer à l'avance
que l'on adoptera telle couleur pour la poésie,
telle autre pour le théâtre, etc. ; on risquerait
aussitôt de commettre d'énormes erreurs et
cependant, chez certains bibliophiles, vous ver-
rez tous les ouvrages de poésie reliés en bleu,
les éditions originales des classiques en rouge,
les contes simplement légers, couverts de maroquin citron, partageant cette couleur avec les

livres les plus érotiques. Il y a des bibliothèques où *tous* les ouvrages « relatifs aux femmes, à l'amour, au mariage », sont ainsi habillés. Le sel de cette plaisanterie nous échappe, le *Mérite des Femmes* de Legouvé y est traité comme *Justine?* Que signifient de pareilles classifications? Absolument rien ; et l'on est surpris de voir des modernes tomber dans ces mêmes errements.

Lamartine n'est pas Baudelaire, les *Iambes* de Barbier ne sont pas les *Triolets à Nini*. Les voici tous en *bleu?* « L'expression du *bleu*, dit Charles Blanc, est celle de la pureté. Il n'est pas possible d'attacher à cette couleur une idée de hardiesse, d'exubérance ou de plaisir. Le bleu est une teinte discrète et idéale, qui, rappelant l'insaisissable éther et la limpidité des mers calmes, doit plaire aux poètes par son caractère immatériel et céleste… » Cela dépend des poètes et des bleus.

Le choix de la couleur et de la nuance dans la couleur est donc de la plus haute importance ; car, avec ce seul élément, on peut faire une œuvre de bon ou de mauvais goût.

Il y a des livres qui prêtent peu à l'ornementation et pour lesquels la couleur choisie peut seule donner à la reliure un caractère particulier à l'ouvrage. Il n'y a pas que les théologiens, les moralistes, les philosophes, qui demandent un vêtement sombre et sobre de décor. Quelle que soit, par exemple, la valeur d'un exemplaire d'*Eugénie Grandet* de Balzac, une couleur voyante de même qu'une dorure coquette y seraient également déplacées. Un maroquin de couleur brune, peu ou point de dorures, ou quelques petits filets très simples seraient, à notre avis, le meilleur choix à faire pour un ouvrage de cette nature.

En thèse générale, on peut toujours montrer l'intérêt qui s'attache à un exemplaire que la beauté de sa condition, l'adjonction de dessins originaux, d'eaux-fortes pures ou d'états particuliers des gravures ont rendu véritablement précieux, en faisant à ce livre hors ligne une reliure doublée de maroquin ; et si l'on tient à un décor important, nous expliquerons plus loin qu'en choisissant une composition dans laquelle les lignes droites dominent, on peut joindre la richesse à la sévérité.

D'autres ouvrages, au contraire, semblent inviter le relieur et le décorateur à une véritable débauche de couleur et d'ornementation. Telles sont les *Orientales* de Victor Hugo, pour lesquelles le bleu clair, l'orangé vif, le vert lumière, coupés de mosaïques tranchantes, serties d'or éclatants, évoquent à l'esprit les régions merveilleuses célébrées à l'envi par les poètes. Ici le décor et la couleur concourent à la fois à donner à la reliure un caractère spécial et bien approprié à l'œuvre.

Le thème n'est pas toujours aussi facile; et il est évident qu'il ne faut pas espérer trouver pour chaque ouvrage une composition particulière : outre qu'une telle fertilité d'invention est en dehors des forces humaines, on doit compter avec les difficultés du métier et la bourse des amateurs. Le prix des reliures deviendrait inabordable.

Après avoir trouvé une composition nouvelle et modeste, on grave les outils nécessaires à son exécution. Ce n'est que grâce à l'usage des fers gravés que le prix peut en devenir modéré, mais cette gravure coûte fort cher et il est in-

dispensable que l'occasion de leur emploi se présente un certain nombre de fois. Ils doivent donc se prêter à des combinaisons multiples, qui permettent dans un même genre une assez grande variété. Ce modèle peut alors servir à des ouvrages ayant entre eux des points d'analogie.

Il faut rester dans cet ordre d'idées et ne plus tolérer que l'idylle et le drame, la comédie et la tragédie soient vêtus de la même couleur et décorés d'une ornementation semblable.

C'est là ce qui rend si difficile l'application d'un décor logique aux livres modernes. Aux seizième, dix-septième et au dix-huitième siècles, les petits fers conçus dans l'esprit d'une ornementation alors en usage et s'appliquant aux livres de toute nature rendaient la tâche du relieur-doreur extrêmement aisée. Il n'en est plus de même aujourd'hui. Pour les réimpressions des chefs-d'œuvre de notre littérature, on peut encore se reporter aux dessins en usage à l'époque de leurs éditions originales. Ces reproductions bien choisies seront alors à leur vraie place et concourront à la variété d'aspect d'une bibliothèque. Le temps, le milieu dans lequel se passe l'action du drame ou du roman, peuvent dans des cas assez nombreux servir de guide et de point de départ pour décider de l'ornementation à employer. On peut orner d'une composition de style gothique la *Notre-Dame de Paris* de Victor Hugo ; emprunter à un entrelacs de claire-voie arabe la mosaïque brillante qui couvrira les plats des *Orientales* du grand poète ; la *Chronique du temps de Charles IX* de Mérimée peut recevoir une dorure du seizième siècle, en choisissant bien entendu pour modèle une reliure contemporaine du règne de ce prince. Il y a là une idée, une thèse qui peuvent aisément se soutenir ; mais pour les livres modernes dont le sujet est purement moderne, il faut rejeter bien loin tous les pastiches de reliures anciennes. N'est-ce pas singulier de les voir couvrir encore les maîtresses œuvres du théâtre et du roman contemporains ?

Pourquoi traiter ainsi Augier, Flaubert, Dumas fils, Fromentin, Feuillet, les Goncourt, etc. ? Nous ne parlons pas de Victor Hugo, de Vigny,

Lamartine, Mérimée, Musset, Gautier, Balzac;
pendant ces dernières années, où leurs œuvres
en éditions originales ont été tant recherchées,
on les a quelquefois seulement ornées de filets
répétés dans le style de 1830, qui semblaient
tout indiqués puisqu'ils représentent l'ornementation caractéristique des meilleures reliures de ce temps, mais le plus souvent ils sont
couverts de fleurons du dix-septième ou dix-
huitième siècle !

Le bibliophile, au moment de confier son
livre au relieur, a généralement un désir quant à
l'aspect général du décor. L'un veut que le plat
tout entier soit couvert de dorure, l'autre que
les angles seuls soient ornés, un troisième pré-
férera un motif central ou une bande. Il s'agit
donc *de trouver une composition décorative qui
tout en conservant cette donnée préférée soit
formée d'éléments nouveaux* et qui, suivant
l'application du principe posé au commence-
ment de cet ouvrage, produise une impression
conforme à la nature, au sujet du livre.

Malheureusement, au lieu de cette préoccupation rationnelle, que font la plupart des

doreurs? Ils s'empressent d'emprunter au passé un modèle affectant la disposition désirée sans aucun souci du livre[1].

Tentent-ils quelque chose, ils prendront un entrelacs à une époque et le remplissage à une autre. Un fer semble-t-il correspondre à la forme laissée par un compartiment, vite on l'y imprime, qu'il appartienne aux outils de Le Gascon ou à ceux de Du Seuil : quitte à mettre, sans plus d'hésitation, dans le compartiment voisin, un fer de Derome ou de Dubuisson.

Ou bien, sollicités par des relieurs qu'aucune préoccupation artistique ne guide, les graveurs de fers à dorer ont depuis quatre ou cinq ans imaginé pour les satisfaire une sorte de compromis entre les fers du dix-huitième siècle et les lourds outils de 1830; tout cela pour répondre au goût d'amateurs qui ne peuvent se décider à trouver bien que des motifs qui montrent beaucoup d'or. Le dessin, la composition, le détail du

---

1. Nous avons vu une bande de l'époque de François Ier, style italien, sur les *Contes choisis* de Daudet et une des reliures types de Grolier sur le *Paul et Virginie* de Curmer; après cela, que dire!

motif sont sacrifiés; il faut que cela fasse de
l'effet. Exprimez-vous tout haut la critique que
nous venons de formuler. Que voulez-vous,
répondra-t-on, cela plaît, et peut être employé
sur tout, hélas!

Ce mélange de fers de tous les styles est la
plaie de la décoration actuelle des reliures de
luxe. Il y a des exceptions honorables, mais bien
peu, et le mot de l'ouvrier cité récemment par
M. de Goncourt : « Le style du dix-neuvième
siècle, c'est une julienne », est d'une vérité sai-
sissante sous sa forme familière.

Il devient donc absolument nécessaire à tous
les vrais bibliophiles de connaître les différents
styles des reliures pour arrêter leurs relieurs
dans leurs élucubrations baroques.

Il faut espérer que l'enseignement du dessin,
pour lequel on a fait partout depuis quelques
années de si grands sacrifices, portera ses
fruits et que les jeunes ouvriers, qui ont eu
pour s'instruire des facilités inconnues à leurs
devanciers, rejetteront l'emploi de ces fers de
toutes les époques accolés les uns aux autres,
sans liens, sans esprit d'arrangement et que

d'autre part le goût des amateurs s'épurant chaque jour davantage, ils n'accepteront pas plus longtemps ces fleurons hybrides, où l'insignifiance du motif est absolue et que leur banalité même rend bons à tout et suffisants pour ces bibliophiles, qui contemplent à distance l'aspect de leur bibliothèque rangée en bon ordre, et n'ont jamais exprimé d'autre désir que celui d'avoir « de la dorure au dos pour que cela ne soit pas triste » sans s'être jamais préoccupés du genre du décor ou de son appropriation au livre.

Marris Michel nel. del

CHAPITRE IV

Il y a un certain nombre de formules d'aspect général qui ne peuvent varier à l'infini et qui sont en quelque sorte imposées par la forme habituelle des livres. Ce n'est donc pas de la nouveauté du parti adopté, mais de l'heureux agencement des lignes, de l'ornement ou de la flore ornementale que l'on peut faire naître l'originalité. Nous donnons ci-après les différents aspects les plus usités qui sont :

1° *L'encadrement ou entourage ;*
2° *La bande avec champ ;*
3° *Le panneau avec champ ;*

4° *Le décor central ou milieux, les coins et milieux, et les dispositions rayonnantes;*

5° *Les fonds à motifs répétés et les semis;*

6° *Le décor en plein.*

Nous allons en passer très rapidement l'examen en nous plaçant au point de vue de l'aspect d'ensemble du décor, renvoyant pour plus de détails, quant aux applications qui en ont été faites, à nos précédents ouvrages sur la reliure.

De l'encadrement ou entourage.

L'encadrement est une des formes les plus anciennes et les plus rationnelles de décor.

Tant que l'orfèvrerie joue le principal rôle, les riches reliures sont presque toutes ainsi ornées; beaucoup d'entre elles ont en même temps un panneau central portant un sujet gravé ou ciselé, soit de métal, soit d'ivoire, mais l'emploi des ais de bois, épais pour avoir une certaine solidité et biseautés pour en diminuer la massivité apparente, force à rejeter

le décor un peu plus loin sur le plat du livre,
la pente des biseaux ne permettant pas d'y

Entourage.

pousser les fers et roulettes gaufrés en usage.
Le biseau donne alors un petit champ et les
entourages véritables, ceux qui touchent les

bords du livre, deviennent extrêmement rares
au quinzième et au seizième siècles. Au dix-

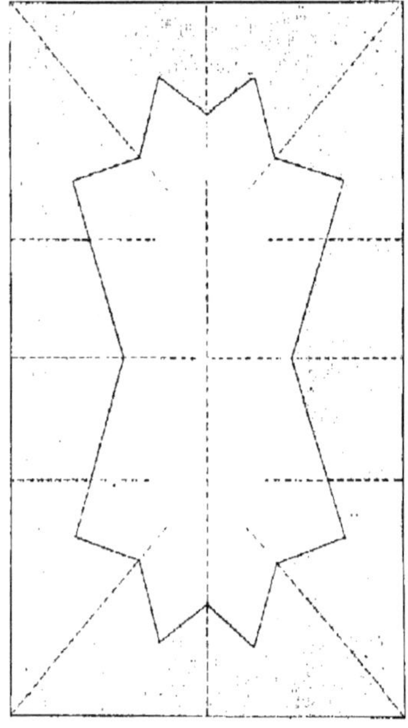

Entourage irrégulier.

septième siècle, ils reparaissent avec les dentelles composées de motifs répétés en forme
de dents. On nomme dentelles basses celles

qui sont faites de motifs répétés de forme régulière, sans saillants ni rentrants (tels sont les entourages dans les reliures doublées de Boyet). Les frises qui courent sur les moulures des plafonds dessinés par Lebrun servent également de motifs aux entourages des grands livres appartenant au roi, à Colbert, etc.

Les Derome, les Dubuisson créent au dix-huitième siècle les entourages de forme irrégulière avec leurs larges et capricieuses dentelles.

La bande avec champ.

Nous venons de voir que le biseau des ais de bois avait rendu le champ nécessaire; même après leur abandon l'usage subsiste, le biseau est devenu un champ, et le décor des reliures du seizième siècle est souvent en bande. Sur les reliures de François Ier et les premières reliures faites pour Grolier, la bande est ornée de motifs de style italien; puis viennent les rinceaux et fers azurés de l'école lyonnaise presque en même temps que les riches entrelacs

empruntés aux grands maîtres ornemanistes de
cette période. Les décors de reliure ainsi dispo-

Bande avec champ.

sés disparaissent avec le seizième siècle; les
exemples que l'on pourrait citer dans les deux
siècles suivants sont excessivement rares.

Marius Michel relieur

Le panneau avec champ.

Forme peu usitée; quelques belles reliures

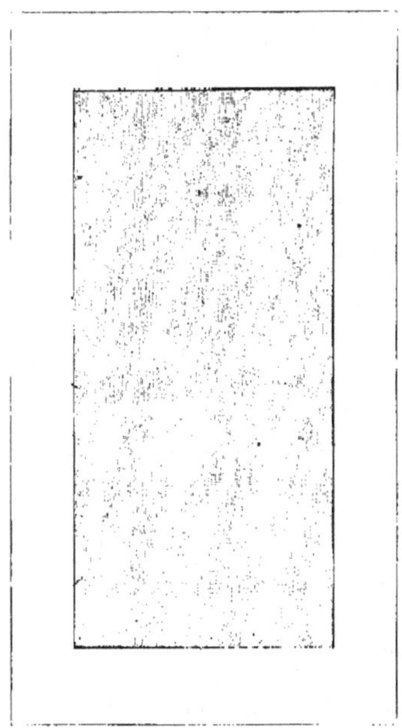

Panneau avec champ.

du seizième siècle sont ainsi composées, mais le champ y est presque toujours semé de chiffres et d'emblèmes d'un bon effet, pour tempérer

ce qu'aurait de choquant la nudité des bords
opposée à la richesse excessive du décor du
panneau.

*Le décor central ou milieu et les dispositions
rayonnantes. — Les coins et milieux.*

On rencontre à toutes les époques, sauf au
dix-huitième siècle où les riches reliures portent
presque toutes les armes de leur propriétaire,
des exemples de décor central. Les milieux ont
été tantôt employés seuls, tantôt accompagnés
de coins. Au groupe des coins et milieux appartiennent les dispositions rayonnantes, dispositions souvent utilisées chez les Ruette et dont
Le Gascon fit quelques années plus tard un si
fréquent emploi: les petits fers partent alors en
fusées d'un petit ornement central de forme
géométrique.

On appelle coin carré celui dont le décor
couvre une partie d'un carré coupé en fichu.
Les deux parties de chaque côté de la bissectrice de l'angle ont en général un décor symé-

trique dans les anciens exemples. Ces coins
doivent être employés petits relativement à

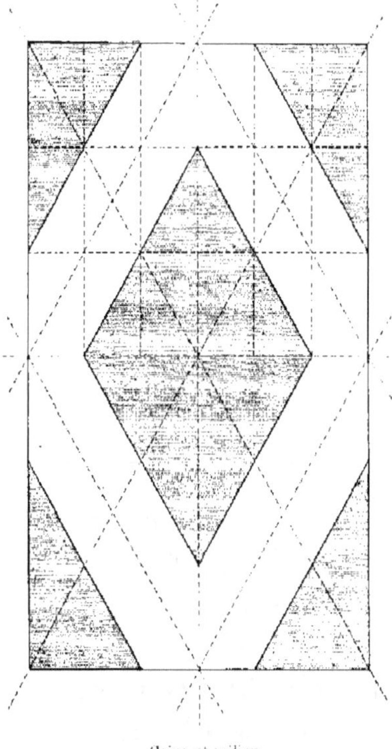

Coins et milieu.

la surface du plat. On peut les réunir entre
eux par des filets, des perles ou de légers motifs courants qui sont d'un bon effet; mais, s'ils

sont grands pour le format du livre, ils deviennent très disgracieux, car la partie laissée au centre (le fond) prend alors une forme lourde et

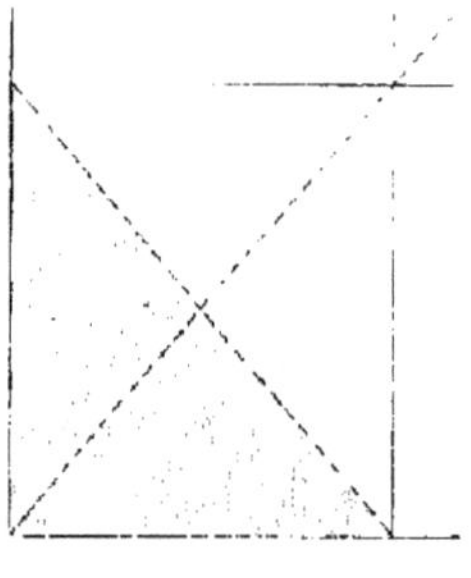

Coin carré.

désagréable, et cela parce que la silhouette de ces coins n'étant pas, comme dans la figure de la page précédente, parallèle à une ligne qui réunirait les angles opposés en diagonale, l'œil est brusquement rejeté au dehors et l'harmonie détruite. On verra plus loin, dans les dessins de lignes, l'importance capitale de cette loi.

Les semis et les fonds à motifs répétés.

Les décors qui se présentent sous ces deux aspects découlent d'un même principe : un motif se répétant à l'intersection de diagonales se coupant entre elles et donnant un carreau allongé de forme plus ou moins gracieuse. Les semis ont été employés de tous temps, quant aux fonds à motifs répétés, très bons pour les dessins d'étoffe, de papiers peints et de carrelage, ces dessins bien que peu appropriés à la décoration des livres ont été la base de la plus grande partie des mosaïques du dix-huitième siècle que l'on attribue à Padeloup. Les reliures ainsi ornées se couvrent actuellement de billets de banque et sont cotées plus haut que les reliures du seizième siècle : cela peut paraître invraisemblable, mais tel est le goût du jour.

Le bibliophile, après avoir décidé en faveur d'un de ces divers aspects, qui sont les plus usités, aura encore à guider le relieur dans le choix du genre d'ornementation qu'il convient d'adopter, et selon la nature du sujet traité dans l'ouvrage, il choisira entre l'un des quatre modes suivants :

1° *Emploi des combinaisons de lignes droites.* — *Combinaisons de lignes droites et de lignes courbes.*

2° *Mélange des arabesques avec les entrelacs géométriques.*

3° *Décor sans entrelacs, arabesques, flore ornementale.*

4° *Emploi de la plante arrangée mais près de nature.*

Le format que nous avons adopté pour cette étude ne nous permettrait pas la reproduction de grandes reliures, mais nous avons cherché à donner, parmi les nombreuses compositions modernes que nous avons faites depuis quinze ans, un petit choix démontrant surtout que la variété est l'élément même de la décoration des livres modernes.

Marius Michel relieur

CHAPITRE V

PREMIER MODE

Emploi des combinaisons de lignes droites.
Combinaisons
de lignes droites et de lignes courbes.

La décoration de lignes, les filets entrelacés, seront réservés de préférence pour les ouvrages sérieux qui prêtent peu à l'ornementation. On peut composer des entrelacs modernes simples sobres sans tomber aussitôt dans la copie des reliures de Grolier. Mais pour y réussir il faut rechercher pourquoi les dessins que l'on trouve sur les livres de ce bibliophile des bibliophiles ont une telle impression en grandeur, voir quels moyens les maîtres qui en ont fourni les modèles avaient employés pour produire cette impression, malgré les défauts d'une exécution matérielle souvent médiocre ; en un mot, chercher la raison de leur beauté.

En les étudiant avec attention on découvre que dans ces dessins, sous une grande facilité apparente de composition, se cache une science profonde et qu'ils ont pour base, comme toutes les pures ornementations arabes, des tracés géométriques. Nous avons parlé autre part des reliures vénitiennes et montré l'influence que l'art de l'Orient avait exercée sur la décoration des livres, typographie et reliure, comme sur toutes les autres branches des arts dans la célèbre cité [1]. Nous n'étudierons donc, dans ce cas particulier, que la construction de ces premiers dessins de lignes, car les détails ajoutés par la suite, bien que provenant des mêmes sources, n'existent pas dès les premiers exemples.

Il y a donc eu un petit nombre de dessins types composés par de véritables artistes, puis des répliques nombreuses chez tous les biblio-

1. Voyez *la Reliure française*, Paris, Morgand et Fatout. 1880.

philes et aussi chez Grolier. Ces répliques, avec des légères variantes d'abord, sont d'autant moins bonnes qu'elles se sont davantage écartées des lois qui avaient présidé à la composition des premiers modèles.

« Dans la décoration de surface, tout arrangement de formes qui ne se compose que de lignes horizontales et verticales doit être monotone et ne donne qu'un plaisir imparfait ; mais si l'on y introduit des lignes qui tendent à diriger l'œil vers les angles, le plaisir se trouve augmenté immédiatement. » (OWEN JONES, *Ornements mauresques*.)

Nous avons reconstitué le diagramme des Groliers les plus purs et nous avons reconnu que tous les meilleurs venaient confirmer ce principe. Nous donnons les diagrammes les plus usités. Que le dessin couvre la totalité de la surface ou qu'il forme seulement cadre ou bande, le principe reste le même.

Pour toutes les décorations de lignes, les filets répétés dits « filets Bauzonnet ou filets romantiques », dont ce doreur a laissé quelques beaux modèles, pour les cadres au trait, les filets entrelacés, on aura donc de grandes chances d'arriver à un bon résultat en s'appuyant sur les mêmes règles. Ces compositions nouvelles auront les qualités que l'on apprécie tant dans certaines reliures anciennes, sans avoir jusqu'ici démontré par quels moyens ces qualités avaient été obtenues. Leur beauté naît donc de l'application d'une loi mathématique et de là un petit nombre de diagrammes qui se prêtaient à une infinité de combinaisons. Les *lignes obliques* qui se combinent avec les perpendiculaires et les horizontales *n'ont pas une direction choisie arbitrairement* : elles y sont parrallèles aux lignes mères d'un diagramme construit à l'aide d'un procédé géométrique.

Tantôt les lignes obliques employées sont parallèles à des lignes idéales joignant entre eux les angles du plat de la reliure (diag. 1); tantôt elles sont parallèles à des lignes unissant entre eux les points de division en parties égales de la hauteur et de la largeur (diag. 2 et 3); tantôt encore, divers diagrammes se combinent entre eux et concourent à l'établissement du tracé (diag. 4).

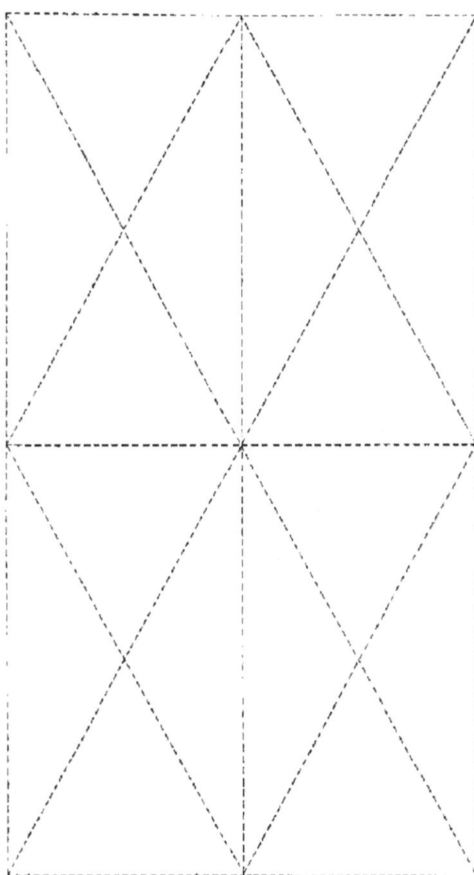

Diagramme I.

Tracé des dessins de lignes au **XVI**^e siècle.

Diagramme 2.

Tracé des dessins de lignes au XVIe siècle.

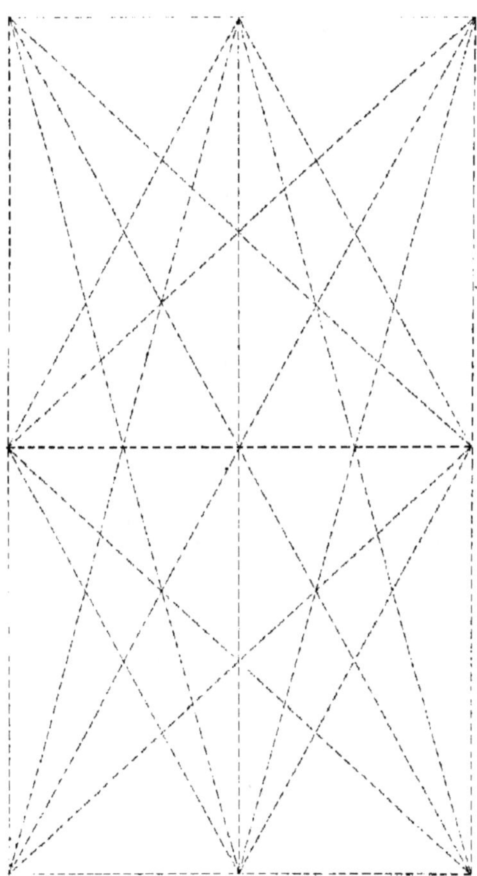

Diagramme 3.

8

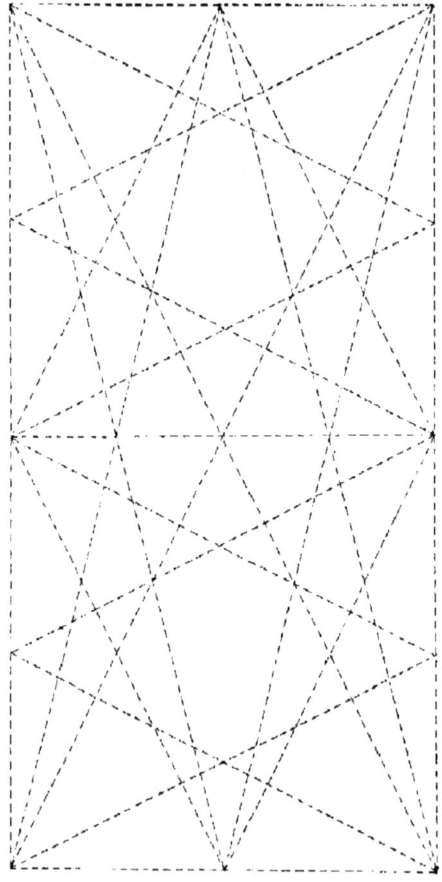

Diagramme 4.

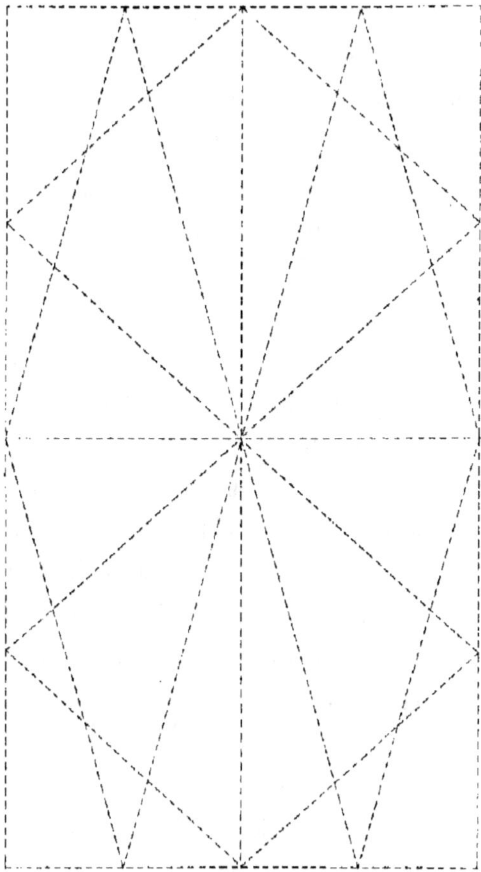

Diagramme 5.

Le diagramme 5 a été surtout employé lorsque les nœuds d'entrelacs du dessin se trouvaient dans l'entourage du plat du livre.

Quelques instants consacrés à l'étude de ces cinq diagrammes, d'où sont sortis tous les Groliers « de lignes », feront mieux comprendre que les plus longues explications la clef de ce curieux procédé.

L'impression de sévérité sera d'autant plus grande que les lignes droites se prolongeront plus longtemps dans la même direction ; mais si l'on veut en diminuer la froideur, il sera préférable d'y introduire des lignes courbes ; car en compliquant le dessin seulement à l'aide de droites rompues et se croisant, la multiplicité des angles finirait par fatiguer le regard : effet qui se produit dans certains plafonds arabes, qui piquent les yeux comme des formations de cristaux.

L'introduction des lignes courbes amènera aussitôt la variété et la gaieté. Ces dessins se construisent d'après les mêmes diagrammes[1],

1. Tels sont les tracés géométriques des entrelacs arabes, dont on peut tirer d'un même tracé des entrelacs rec-

mais il faut éviter la prédominance des courbes dans les dessins de lignes, car l'abus ten-
drait à rendre le décor mou, vague, difficile à
comprendre.

C'est pour ce motif que les reliures du seizième
siècle, de style Grolier, faites avec entrelacs
après 1550, en valent plus celles que l'on avait
produites de 1520 à 1545. Les premiers types
avaient été tiraillés en tous sens, le rôle des
courbes était devenu trop important, on tom-
bait dans le maniérisme, c'était la décadence
d'un style. Heureusement le style Henri II, le
plus beau qu'il y ait jamais eu en matière de
reliures, ne permettait pas les regrets.

Revenons à notre point de départ. Les dessins formés de combinaisons de lignes seront
d'un emploi précieux pour les ouvrages sur
lesquels on désire une certaine richesse et qui
par la gravité de leur sujet ou leur nature prè-
tent peu à l'ornementation. Il n'est pas besoin
de combinaisons bien savantes ni d'une exécu-

tilignes, curvilignes, rectilignes et curvilignes mélangés.
— Voir pour plus de détails l'excellent ouvrage de J. Bour-
gouin.

tion bien difficile pour atteindre un résultat satisfaisant, nous en donnons des exemples : 1° une combinaison de lignes parallèles aux côtés du livre; 2° une seule ligne oblique perpendiculaire à la bissectrice de l'angle;

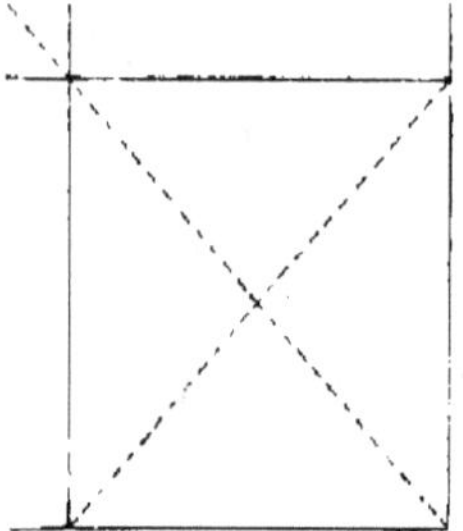

Tracé pour les combinaisons d'entrelacs d'angle au xvie siècle.

3° même point de départ, les compartiments reliés les uns aux autres par des nœuds d'attache. Ces exemples, établis d'après les principes qui ont guidé les dessinateurs du seizième siècle dans la composition des entrelacs d'angle de leurs reliures, suffisent pour montrer le parti que l'on peut tirer des divers diagrammes que nous avons donnés, et l'extrême variété de

Marius Michel, relieur

combinaisons que l'on en peut faire naître,
même en n'usant que des plus simples.

DEUXIÈME MODE

Mélange des arabesques avec les entrelacs géométriques.

Le deuxième mode, qui consiste dans l'emploi d'ornements empruntés aux arabesques ou à la flore pour décorer les compartiments réguliers formés soit par de grandes lignes générales divisant la composition, soit par les entrelacs géométriques, a fourni les plus beaux modèles de reliures anciennes. Les grandes lignes générales soutiennent le décor, y maintiennent la clarté, tandis que les contours souples, élégants des ornements ou de la flore y apportent par le contraste le charme, l'élégance et la richesse. C'est donc à la disposition de ces lignes principales, à ce squelette qu'il faudrait s'attacher en premier lieu.

Le rôle de l'entrelacs sera plus ou moins important, mais le méplat doit en être d'autant plus large que l'entrelacs est plus simple et plus sombre et la part laissée à l'arabesque plus considérable.

L'entrelacs doit être de couleur plus claire ou plus foncée que l'arabesque, de manière à se détacher très visiblement ; car, sans cette qualité, les motifs de l'ornementation sembleraient abandonnés à eux-mêmes dans les compartiments. Dans le cas particulier où le décor est tout entier ton sur ton, en camaïeu, l'entrelacs sera large afin de soutenir vigoureusement la composition.

Les lignes générales d'une reliure doivent donc toujours frapper d'abord l'attention du spectateur ; les détails que celui-ci découvrira par la suite peu à peu augmenteront le charme de l'impression première.

L'époque de Henri II nous a laissé, dans cet ordre d'idées, de merveilleux modèles d'entrelacs et d'arabesques combinés. A la fin du seizième siècle, les reliures des Ève, formés d'entrelacs de branchages et de fleurons ; au dix-septième siècle, celles de Le Gascon, entrelacs et remplissages de fers pointillés, appartiennent à ce même mode, bien que les détails en soient d'aspect tout différent.

TROISIÈME MODE

*Décor sans entrelacs, arabesques
et flore ornementale.*

C'est dans ce mode que se sont trouvés et se trouveront toujours les dessins de la plus extrême élégance, mais dans ces décors exclusivement composés d'ornements sans grandes lignes générales, toutes les parties offrent à peu près le même intérêt et il n'y a pas de motif vraiment dominant. La figure humaine n'étant pas et ne pouvant pas être employée en reliure, il n'y a pas, comme dans le panneau d'un meuble, de sujet qui semble donner ou donne réellement naissance aux rinceaux feuillés.

Aussi les compositions qui appartiennent à ce mode décoratif manquent-elles quelquefois de tenue même chez les meilleurs maîtres. Pour remédier à ce défaut, on a employé dans certaines reliures des cartouches, des cuirs qui servent de point de départ à la composition. Il en existe alors dans ce genre qui sont dignes d'être citées comme modèles.

Tel est le superbe Grolier appartenant à M. le duc d'Aumale, dont nous avons donné la reproduction dans un précédent ouvrage [1].

Grolier avait quatre-vingts ans lorsqu'il fit faire cette reliure et quelques autres du même style. Combien elle diffère de celles qu'il avait fait exécuter en Italie et en France dans sa longue carrière! Mais cet illustre bibliophile était un moderne, il avait été toute sa vie un moderne et n'avait jamais craint de faire habiller dans le goût le plus nouveau les livres qui venaient de paraître.

Lorsque l'on désire faire de ces deux derniers modes une application nouvelle, la flore dite ornementale qui peut rendre partout de grands services trouvera son application légitime. Ici le champ est infini, mais il faut se garder de copier les plantes telles que la nature nous les montre. Plus encore dans les dessins de reliure

1. *La Reliure française*, Paris, 1880.

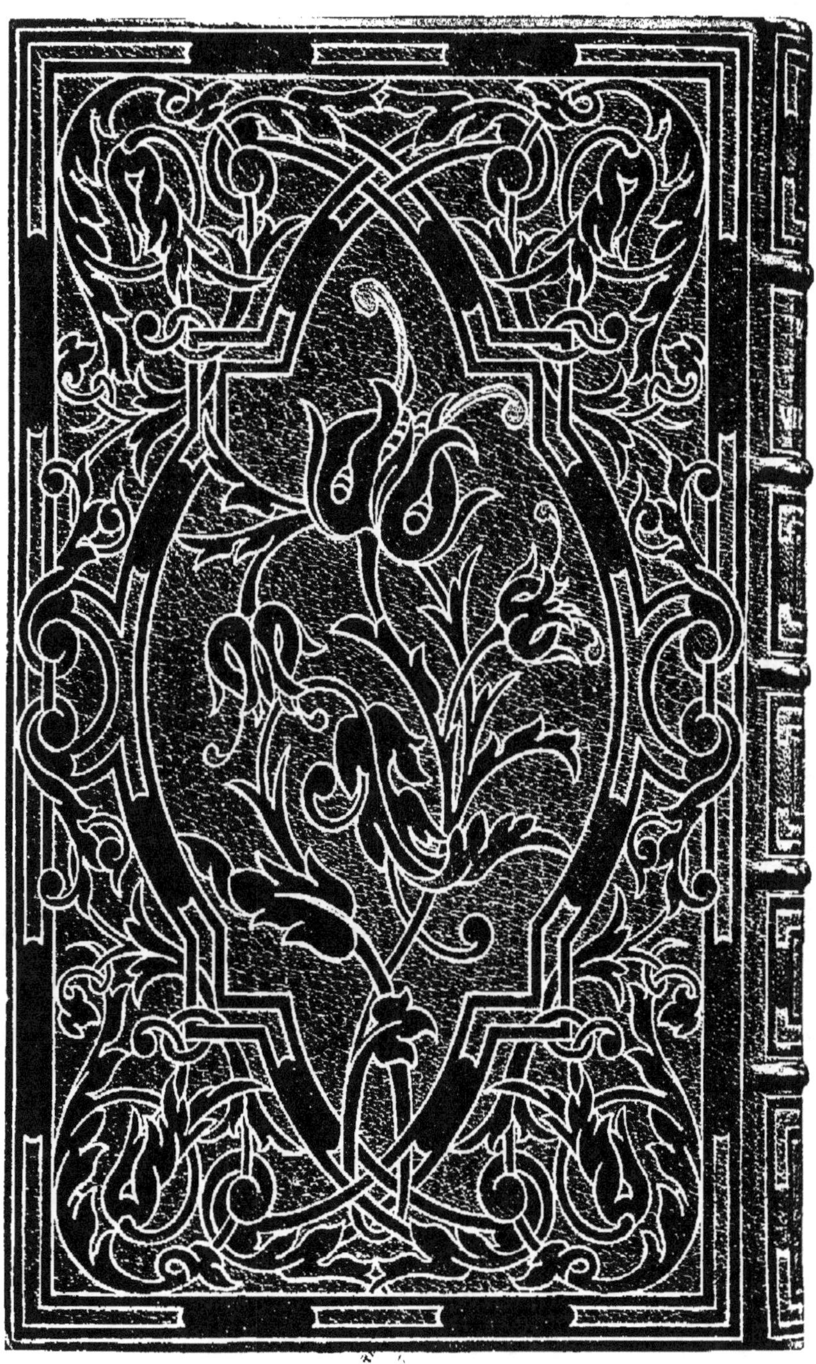

que dans toutes les autres branches de l'art industriel, l'artiste devra éviter la recherche d'une
imitation servile toujours mauvaise en elle-
même, car il n'y a pas d'art où il n'y a pas de
composition. Il se heurterait du reste à chaque
pas à des difficultés presque insurmontables,
inhérentes à la technique d'un métier dont il
faut dix ans pour posséder la pratique et dans
lequel on apprend toute sa vie. Il est donc nécessaire de choisir dans les feuilles et les fleurs
et pour qui sait regarder, la moisson peut être
riche; puis il faut s'attacher de préférence à
celles dont les contours sont francs et les sil-
houettes faciles à suivre. La plante a-t-elle de
vives arêtes, une certaine rigidité d'aspect,
une construction presque régulière, il faudra
simplifier encore, exagérer cette rigidité pour
lui donner du caractère, du style en s'inspirant
des lois de sa construction et en étudiant le côté
géométrique de sa forme. Il n'y a pas dans la
nature, a-t-on dit, deux feuilles exactement
semblables sur une même plante, mais toutes
découlent du même principe de construction :
chaque feuille a sur cette plante un squelette

similaire avec des développements divers. Boutons et fleurs, bourgeons et feuilles, fournissent des sujets d'étude et par suite des applications multiples. Inutile d'insister ici dans un livre spécial sur ce qui a été dit de l'emploi que les Égyptiens ont fait du lotus, les Grecs des palmettes, du chèvrefeuille et plus tard de l'acanthe, dont les Romains ont abusé. Les magnifiques études de Viollet-le-Duc ont montré tout le parti que les gothiques avaient tiré de la flore locale. Les leçons des Ruprich-Robert et des Galland ont prouvé une fois de plus que c'était dans la nature que se trouvait la source jamais tarie de tous les arts décoratifs. Il faut donc la copier sans cesse comme étude, mais ne pas craindre dans l'application de la traiter avec la plus grande liberté. Peu nous importe que l'on ne puisse mettre le nom sur la plante dont s'est inspiré le dessinateur ; voyez à cet égard les culots et les rinceaux feuillés de la Renaissance. Pourvu que les motifs naissent et découlent les uns des autres d'une façon logique, *qu'il semble que cela pourrait pousser ainsi dans la nature*, nous ne demandons pas autre chose à l'artiste.

« D'ailleurs l'artiste recherche l'idéal ; et s'il prend
les éléments des choses dont il se sert dans le
domaine des choses matérielles, il ne doit pas
oublier qu'il est créateur et qu'à ce titre il peut
modifier, continuer, fondre ensemble ces divers
éléments, de manière à produire une forme
nouvelle et brillante. Peu importe que le type
sorti de son imagination ait sa réalisation dans
la nature ; pourvu qu'on n'y puisse saisir aucune
contradiction entre les attributs et qu'on y
remarque l'unité et l'harmonie, il est vrai au
point de vue de l'idéal[1]. »

Tous les efforts doivent donc tendre à rendre
la plante ornementale, c'est-à-dire à créer des
ornements nouveaux à l'aide de l'étude des
innombrables modèles que la nature a placés
sous nos yeux. L'avantage de cette liberté d'agir
se fait aussitôt sentir dans les grandes reliures
à mosaïque lorsqu'il s'agit de la combinaison
des couleurs qui doivent entrer dans le décor.
On peut alors rappeler la couleur vraie de la
plante ou de la fleur dont on s'est inspiré ou

1. Ruprich-Robert.

lui donner la couleur que la composition réclame. Ainsi ont procédé pour leur céramique, leurs manuscrits, leurs étoffes, les Persans, ces maîtres ornemanistes.

Le décorateur de livres qui n'a à sa disposition en somme qu'un petit nombre de couleurs de maroquins, une palette bien restreinte, trouve dans cette licence du rendu de la couleur une aide inappréciable; tandis que s'il se contentait de copier absolument la forme naturelle de la fleur, la couleur naturelle s'imposerait. Un lys vert, une pervenche rouge sang, jetteraient le trouble dans l'esprit du spectateur.

QUATRIÈME MODE

*Emploi de la plante arrangée
mais près de nature.*

Il est des cas où l'on doit préconiser l'usage de la plante à peu près telle qu'on la rencontre dans la nature : c'est lorsqu'elle est employée comme symbole.

De tous les temps, les plantes ont été prises

comme symboles et ont fourni, dans les époques les plus brillantes de l'art, un élément décoratif de premier ordre et d'un sentiment très élevé. Employez le feuillage du chêne, du laurier sur les ouvrages de poésie, d'histoire, dans les romans, nouvelles où sont exaltés le patriotisme et les vertus militaires; le lierre, la vigne consacrés à Pan et à Bacchus, les roses, dans les contes, les chansons légères, les poésies anacréontiques, etc. La plante prend alors un caractère symbolique et sans tomber dans le langage des fleurs, on peut en tirer de charmants motifs de décor de reliures. Les lys, les violettes ne seront-ils pas bien à leur place sur la délicieuse idylle de Paul et Virginie? Pourquoi le liseron ne grimperait-il pas aux filets des plats sur les romans champêtres? Pourquoi le muguet, la pervenche, chère à Rousseau, la bruyère, ne décoreraient-ils pas les nouvelles sylvestres d'André Theuriet? Qui nous empêche de tresser à la petite Fadette une guirlande de bleuets?

N'y aurait-il pas dans ces choix une allégorie de bon goût par sa discrétion même?

Employées à propos, les fleurs nous offrent

donc les plus précieuses ressources : mais lorsque
l'on voudra faire ainsi de la plante un usage
symbolique, il faudra, tout en la stylisant, qu'elle
se puisse facilement reconnaître. Il ne faut pas
qu'il y ait alors d'hésitation sur son espèce pour
celui qui examine le décor. Un arrangement est
toujours nécessaire, il s'impose pour les reliures, car celles-ci n'ayant pas de reliefs, de
plans divers, les plantes doivent se détacher
lisiblement. Pour cela il devient nécessaire
de les disposer de telle sorte que le cuir du
fond réapparaisse dans des intervalles réguliers ou irréguliers, mais d'une manière assez
sensible pour laisser aux contours des feuilles
et des fleurs toute leur netteté. Le bouquet
dans le sens où on l'entend généralement, c'est-
à-dire des fleurs diverses accolées, groupées
et se touchant complètement, est d'un effet
déplorable en décor de reliures à cause de la
lourdeur.

En général, les décors de reliures sont bisy-
métriques, c'est-à-dire que le décor des quatre
quarts est semblable ; ils sont traités comme un
plafond rectangulaire, et si ce n'était les chiffres

et les armoiries, la plupart des reliures présen-
teraient le même aspect, que le livre soit tenu
à l'endroit ou à l'envers. Quelques dessins du
seizième siècle pour lesquels on s'est inspiré
des cuirs et cartouches des panneaux de meubles, certaines mosaïques du dix-huitième siècle
avec fleurs au centre, dont la céramique du
temps a fourni l'idée première, font exception
à cette règle. Ces dispositions exceptionnelles
paraissent peu goûtées des amateurs, et à tort,
croyons-nous, car un livre a indiscutablement
un sens et il est assez logique que ce sens soit
nettement accusé. Au lieu des quatre axes de
symétrie qu'ont généralement les dessins de
reliure, on peut se contenter de deux, qui donnent un décor symétrique à droite et à gauche
du plat; dans ce cas, le milieu, s'il y en a un,
doit être composé suivant la même disposition, c'est-à-dire avoir un pied et une tête, sans
qu'il soit nécessaire cependant de le faire symétrique.

Dans un décor moderne important, un agencement de fleurs montantes sera toujours plus
agréable à voir que ces dispositions doublement

symétriques, où une partie de ces fleurs sont placées la tête en bas[1]. Dans les arabesques cet aspect n'est pas disgracieux, parce que tout en découlant de l'interprétation de la nature, ce genre d'ornement en passant par des transformations successives a pris un caractère tout conventionnel.

Outre les plantes symboliques telles que le laurier, le chêne, la palme, etc., on peut encore employer la plante, mais alors *très près* de nature, lorsque son nom sert de titre à l'ouvrage.

Exemple : le Myosotis, les Vignes folles, les Œillets de Kerlaz, la Dame aux camélias, etc. Quelle que soit la disposition adoptée, bande, milieu, guirlande, on se trouvera en présence d'une difficulté sérieuse, l'importance de l'échelle de l'ornement qui est capitale en matière de reliure : il faudra donc tenir un compte rigoureux du format et de la nature de la fleur adoptée. Telles fleurs, comme le lys, la marguerite, conservent à toutes les échelles leur caractère propre et se reconnaissent aisément ; d'autres

1. Ce qu'il ne faut pas confondre avec les fleurs retombantes qui doivent cet aspect à leur nature même.

plantes, au contraire, perdent tout caractère et
de là toute signification, et deviennent fleurettes
quelconques, tel le camélia qui, réduit à des pro-
portions minuscules, ne peut être reconnu.

Dans ce mode, la régularité de la disposition,
la symétrie ne sont certes plus nécessaires; cependant la branche jetée négligemment en apparence sur le plat d'un livre doit former un tout
complet et ne pas avoir l'air d'un fragment quelconque tombé là par hasard; il faut éviter le
manque d'équilibre, qui est rarement d'un bon
effet en reliure. Il y a des exceptions et rien ne
doit être rejeté de parti pris. Certes, on trouve
dans l'art japonais de révélation récente des sur-
faces rectangulaires sur lesquelles un groupe de
roseaux, une branche de pommier, sont tracés de
la façon la plus libre et dont la donnée et l'exécution sont également charmantes; mais l'art des
Japonais est absolument différent du nôtre et
sous l'apparence du manque de composition se
cache une recherche extrême de pondération et
d'harmonie, qui n'est autre chose que de la composition, du style. Ils obtiennent, par l'équilibre
des valeurs de tons, ce que nous cherchons soit

dans la répétition, soit dans l'alternance, soit
dans la symétrie de nos compositions d'ornement décoratives. Aussi, dans cet art charmant
où nous avons beaucoup à apprendre, surtout
au point de vue de la couleur, et dont la connaissance chaque jour plus approfondie rendra tant
de services, ce qu'il faut surtout s'attacher à
saisir, c'est l'esprit et les lois, et ne pas croire que
le décor japonais est à la portée de tous, qu'il
suffit de couper un fragment de tige et de le
laisser tomber n'importe où, l'exécution matérielle en serait-elle très finie et fouillée, pour
avoir fait preuve de goût.

Certes, la reliure française est encore la première du monde, et nous pouvons le dire avec
un légitime orgueil, malgré les progrès qui se
sont accomplis chez des nations étrangères, progrès que nous n'avons cessé de signaler depuis
dix ans. Ne nous laissons cependant pas endor-
mir par nos succès passés; partout se lèvent des
concurrents redoutables et il faut répondre à
cet effort par des efforts plus grands encore, ne
pas voir dans les copies que l'on fait des œuvres
françaises qu'un hommage rendu au mérite de

nos relieurs, mais surtout la volonté persévérante d'artisans avides de s'instruire et qui, une fois instruits, useront de leur savoir, non pour copier, mais pour créer. Nous ne devons pas laisser à des étrangers l'honneur de tracer la voie nouvelle.

Pour atteindre ce but si désirable, les relieurs contemporains ont besoin d'être soutenus par la jeune génération d'amateurs. A aucune époque il n'y a eu à la fois autant de relieurs de mérite, de doreurs de talent ; la perfection matérielle du travail n'a jamais été poussée aussi loin que depuis vingt ans. Les relieurs et doreurs anciens n'ont eu sur ceux de l'époque présente qu'une supériorité : ils furent des créateurs.

Si les relieurs contemporains n'ont pas en général donné d'œuvres originales, nous en avons expliqué les causes et montré à qui la responsabilité de ce manque d'initiative devait surtout incomber. Nous ne nous sommes pas bercé de l'espoir chimérique de convaincre « ceux qui ne veulent pas être convaincus » : aussi c'est aux jeunes, à ceux qui professent « qu'il faut être de son temps », que nous offrons cette étude où nous avons défendu la cause que nous soutenons depuis de longues années avec l'ardeur d'une conviction sincère ; le triomphe en est désormais assuré ; nous en aurons été les ouvriers de la première heure et dans quelques années, quand cet amour effréné des vieilleries quelles qu'elles soient sera passé, comme toute mode passe, on aura peine à croire que les bibliophiles n'ont pas été toujours d'accord sur des points qui sembleraient indiscutables : appropriation de la couleur et du style de décor à la nature de l'ouvrage et ornementation nouvelle sur les livres nouveaux.

TABLE

IMPRIMÉ

PAR

GEORGES CHAMEROT

19, RUE DES SAINTS-PÈRES

PARIS